Pravin Bhole
Narendra Lokhande

Cadeira de rodas com reconhecimento de voz

Pravin Bhole
Narendra Lokhande

Cadeira de rodas com reconhecimento de voz

ScienciaScripts

Imprint
Any brand names and product names mentioned in this book are subject to trademark, brand or patent protection and are trademarks or registered trademarks of their respective holders. The use of brand names, product names, common names, trade names, product descriptions etc. even without a particular marking in this work is in no way to be construed to mean that such names may be regarded as unrestricted in respect of trademark and brand protection legislation and could thus be used by anyone.

Cover image: www.ingimage.com

This book is a translation from the original published under ISBN 978-3-659-86587-9.

Publisher:
Sciencia Scripts
is a trademark of
Dodo Books Indian Ocean Ltd. and OmniScriptum S.R.L publishing group

120 High Road, East Finchley, London, N2 9ED, United Kingdom
Str. Armeneasca 28/1, office 1, Chisinau MD-2012, Republic of Moldova, Europe
Managing Directors: Ieva Konstantinova, Victoria Ursu
info@omniscriptum.com

Printed at: see last page
ISBN: 978-620-8-54689-2

Conteúdo

Resumo

Este projeto é sobre uma cadeira de rodas automática para pessoas com deficiência física. Nesta cadeira de rodas foi integrado um sistema de reconhecimento de voz dependente do utilizador e sistemas de sensores ultra-sónicos e de infravermelhos. Desta forma, obtivemos uma cadeira de rodas automática que pode ser conduzida através de comandos de voz e com a possibilidade de evitar obstáculos através de sensores de infravermelhos e de descer escadas ou detetar buracos através de sensores ultra-sónicos. A cadeira de rodas também foi desenvolvida para funcionar com base no movimento do acelerómetro, o que ajudará as pessoas cujos membros não funcionam. O acelerómetro pode ser ligado a qualquer parte do corpo da pessoa com deficiência física que esta possa mover facilmente, como a cabeça, a mão, etc. O sistema dispõe igualmente de um joystick para as pessoas com deficiência que possam mover facilmente a mão. São considerados a configuração do sistema eletrónico, um sistema de sensores, um modelo mecânico, o controlo por reconhecimento de voz, o controlo por acelerómetro e o controlo por joystick.

Este projeto descreve a conceção de uma cadeira de rodas controlada por voz e de electrodomésticos utilizando um sistema incorporado. O projeto proposto suporta o sistema de ativação por voz para pessoas com deficiências graves que incorporam a operação manual com interrutor. O microcontrolador AT89C51 e os processadores de reconhecimento de voz (HM2007) foram utilizados para suportar a cadeira de rodas e a domótica. Trata-se de um sistema único que incorpora tanto o controlo da cadeira de rodas através da voz como a domótica, o que proporciona fiabilidade, segurança e conforto.

Capítulo 1

Introdução

O principal objetivo do projeto é conceber e implementar uma cadeira de rodas para pessoas com deficiência que seja controlada pela voz. A ideia de utilizar a tecnologia de ativação por voz para controlar o movimento da cadeira de rodas e a domótica é provar que este pode ser um conceito único que se distingue dos restantes projectos comuns. A utilização desta nova tecnologia em conjunto com um sistema mecânico, a fim de simplificar a vida quotidiana, despertaria o interesse de uma sociedade moderna em constante crescimento. Muitas pessoas com deficiência não têm a destreza necessária para controlar um interrutor de uma cadeira de rodas eléctrica.

Isto pode ser ótimo para os tetraplégicos que estão permanentemente incapazes de mover qualquer um dos braços ou pernas. Podem utilizar a sua cadeira de rodas mais facilmente utilizando apenas comandos de voz e também podem controlar os electrodomésticos. O objetivo deste estudo é implementar uma aplicação interessante utilizando um sistema de reconhecimento de palavras de pequeno vocabulário. A metodologia adoptada baseia-se no agrupamento de um microprocessador com um kit de desenvolvimento de reconhecimento de fala para palavras isoladas de um locutor dependente.

A conceção resultante é utilizada para controlar uma cadeira de rodas e electrodomésticos para uma pessoa deficiente com base no comando vocal. A fim de ganhar tempo na conceção, os testes mostraram que seria melhor escolher um kit de reconhecimento de voz e adaptá-lo à aplicação A investigação da Universidade de Notre Dame, 2000, sugere que as actuais interfaces de controlo de cadeiras de rodas eléctricas utilizadas podem não ser adequadas para proporcionar uma verdadeira mobilidade independente a um número substancial de pessoas com deficiência.

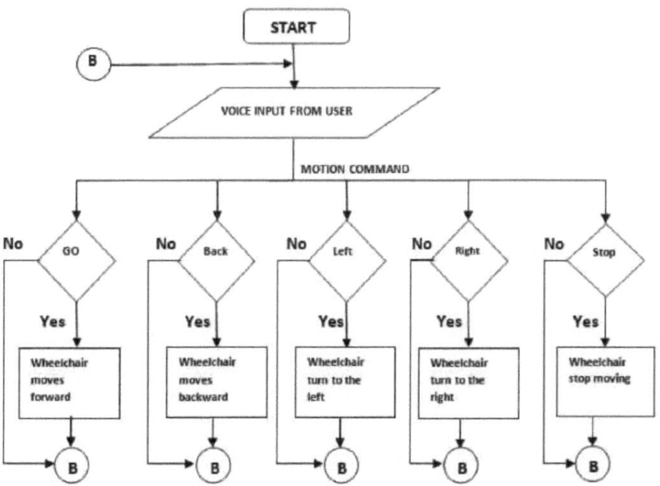

Figura 1.1: Fluxograma para o reconhecimento vocal da cadeira de rodas através da voz

Os inquiridos no inquérito referiram, em média, que cerca de dez por cento dos doentes treinados para utilizar uma cadeira de rodas eléctrica não conseguem utilizar a cadeira após a conclusão da formação para as actividades da vida diária ou só o conseguem fazer com extrema dificuldade.

Capítulo 2

Conceito básico e pesquisa bibliográfica

2.1 Conceito básico

A cadeira de rodas com reconhecimento de voz destina-se basicamente a pessoas com deficiência que se deslocam sem a ajuda de outras pessoas. Trata-se, basicamente, de uma cadeira de trabalho automatizada que permite às pessoas com deficiência deslocarem-se livremente.

Neste projeto, o módulo de voz, o microcontrolador, o IC do controlador e o motor são os elementos básicos. No qual o módulo de voz HM2007 é usado para dar o comando à cadeira. O microcontrolador é o cérebro da cadeira que segue as instruções e dá o comando ao motor e o IC de acionamento ajuda o motor a mover-se.

2.2 Pesquisa bibliográfica

Vários estudos demonstraram que tanto as crianças como os adultos beneficiam substancialmente do acesso a um meio de mobilidade independente, incluindo cadeiras de rodas eléctricas, cadeiras de rodas manuais, trotinetas e andarilhos. A mobilidade autónoma aumenta as oportunidades profissionais e educativas, reduz a dependência dos prestadores de cuidados e dos membros da família e promove sentimentos de autossuficiência. Para as crianças pequenas, a mobilidade autónoma serve de base a muitas das aprendizagens iniciais. As crianças que não deambulam não têm acesso à riqueza de estímulos proporcionada às crianças que deambulam sozinhas. Esta falta de exploração e de controlo produz muitas vezes um ciclo de privação e de redução da motivação que conduz à incapacidade aprendida.

Para os adultos, a mobilidade independente é um aspeto importante da autoestima e desempenha um papel fundamental no "envelhecimento no local". Por exemplo, se as pessoas idosas tiverem cada vez mais dificuldade em caminhar ou deslocar-se até à sanita, podem fazê-lo com menos frequência ou beber menos líquidos para reduzir a frequência da micção. Se se tornarem incapazes de se deslocar a pé ou em roda até ao autoclismo e se a ajuda não estiver disponível por rotina em casa quando necessário, poderá ser necessário mudar para um ambiente mais propício (por exemplo, residência assistida). As limitações de mobilidade são a principal causa de limitações funcionais entre os adultos, com uma prevalência estimada de 40 por 1.000 pessoas com idades compreendidas entre os 18 e os 44 anos e de 188 por 1.000 com 85 anos ou mais. As dificuldades de mobilidade são também fortes preditores de incapacidades nas actividades da vida diária (AVD) e nas AVD instrumentais, devido à necessidade de se deslocar para realizar muitas dessas actividades. Além disso, a mobilidade reduzida resulta frequentemente numa diminuição das oportunidades de socialização, o que conduz ao isolamento social, à ansiedade e à depressão. Por exemplo, 31% das pessoas com grandes dificuldades de mobilidade referiram estar frequentemente deprimidas ou ansiosas, em comparação com apenas 4% das pessoas sem dificuldades de mobilidade.

Embora as necessidades de muitas pessoas com deficiência possam ser satisfeitas com cadeiras de rodas manuais ou eléctricas tradicionais, há um segmento da comunidade de pessoas com deficiência que tem dificuldade ou não consegue utilizar as cadeiras de rodas de forma independente. Esta população inclui, mas não se limita a, indivíduos com baixa visão, redução do campo visual, espasticidade, tremores ou défices cognitivos. Estes indivíduos carecem frequentemente de mobilidade autónoma e dependem de um prestador de cuidados para os empurrar numa cadeira de rodas manual.

Para acomodar esta população, vários investigadores utilizaram tecnologias originalmente desenvolvidas para robôs móveis para criar "cadeiras de rodas que reconhecem a voz". Uma cadeira de rodas com reconhecimento de voz consiste normalmente numa cadeira de rodas eléctrica normal, à qual foi adicionado um computador e um conjunto de sensores, ou numa base de robô móvel à qual foi fixado um assento. As cadeiras de rodas com reconhecimento de voz foram concebidas para prestar assistência à navegação do utilizador de várias formas diferentes, tais como assegurar uma deslocação sem colisões, ajudar na execução de tarefas específicas (por exemplo, passar por portas) e transportar autonomamente o utilizador entre locais.

Um inquérito recente indicou que os médicos têm um forte desejo de obter os serviços que uma cadeira de rodas inteligente pode oferecer Resultados significativos do inquérito incluídos:

- Os médicos indicaram que 9 a 10 por cento dos doentes que recebem formação em cadeiras de rodas eléctricas consideram extremamente difícil ou impossível utilizar a cadeira de rodas para as AVD.

- Quando questionados especificamente sobre as tarefas de direção e manobra, a percentagem de doentes que referiram estas tarefas como difíceis ou impossíveis aumentou para 40%.

- Oitenta e cinco por cento dos médicos inquiridos afirmaram ver anualmente um certo número de doentes que não podem utilizar uma cadeira de rodas eléctrica por não terem as capacidades motoras, a força ou a acuidade visual necessárias. Destes médicos, 32% (27% de todos os inquiridos) referiram ver pelo menos tantos doentes que não podem utilizar uma cadeira de rodas eléctrica como os que podem.

- Quase metade dos doentes incapazes de controlar uma cadeira de rodas eléctrica através de métodos convencionais beneficiariam de um sistema de navegação automatizado, de acordo com os médicos que os tratam.

Capítulo 3

Funcionamento do sistema

3.1 Princípio de funcionamento

Neste caso, o operador dá a voz como entrada para conduzir a cadeira de rodas para a posição desejada. O microfone converte o sinal de voz em sinal elétrico e o sinal é transmitido ao módulo de reconhecimento de voz. O módulo de reconhecimento de voz converte o sinal analógico em sinal digital e o sinal é transferido para o microcontrolador pic. O microcontrolador toma a decisão de avançar ou recuar, ou de ir para a esquerda ou para a direita, com a ajuda da unidade de comutação de relés.

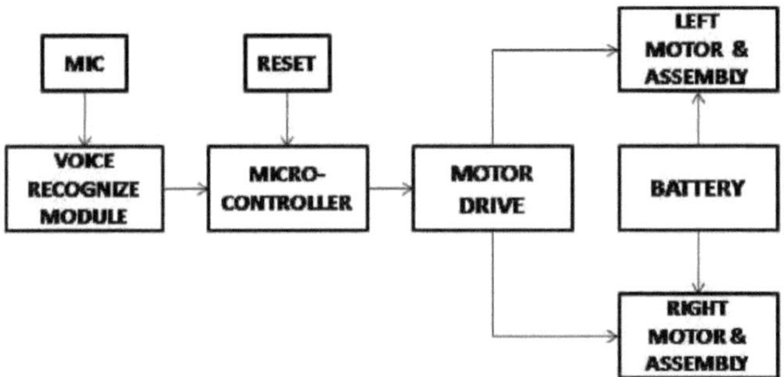

Figura 3.1: Diagrama de blocos da cadeira de rodas com reconhecimento de voz

3.2 Como é que este sistema funciona

O projeto visa controlar uma cadeira de rodas por meio da voz humana. No projeto, o microcontrolador AT89C51 é o cérebro do circuito de controlo. O reconhecimento da voz é efectuado pelo CI de reconhecimento de voz HM2007. A figura seguinte mostra o diagrama de blocos da cadeira de rodas comandada por voz.

O IC de reconhecimento de voz HM 2007 pode funcionar em modo de reconhecimento de voz independente do altifalante. Neste modo, em primeiro lugar, a voz é gravada na SRAM externa ligada ao IC com a ajuda de um microfone diretamente ligado ao terminal de entrada analógica do HM 2007, mantendo a tecla de seleção de modo no modo de gravação. Deste modo, podem ser registadas na memória 40 palavras com uma duração máxima de 1,92 segundos. Depois de treinar o IC de reconhecimento de voz como acima, a tecla de seleção de modo é mudada para o modo de entrada de voz. Aqui, o discurso através do microfone num determinado momento é comparado com o som gravado e, de acordo com isso, é gerada uma saída digital.

A saída do CI de reconhecimento de voz é então enviada para as portas de entrada digital do microcontrolador AT89C51. Ao receber o sinal, o microcontrolador dirige os motores através do circuito de controlo. Os controlos da velocidade e da direção são efectuados desta forma. O controlo da direção é conseguido alterando a direção do fluxo de corrente através do motor e o controlo da velocidade é conseguido variando a corrente através do motor.

Para testar, em primeiro lugar, usamos o software proteus. Este software dá liberdade para executar qualquer circuito sem qualquer hardware. Então, desenhamos nosso diagrama de circuito neste software e colocamos o arquivo HEX no microcontrolador e obtemos a saída necessária, ou seja, executamos com sucesso nosso projeto no software, testamos nosso programa e arquivo HEX e descobrimos que nosso programa, conexão de circuito está correto.

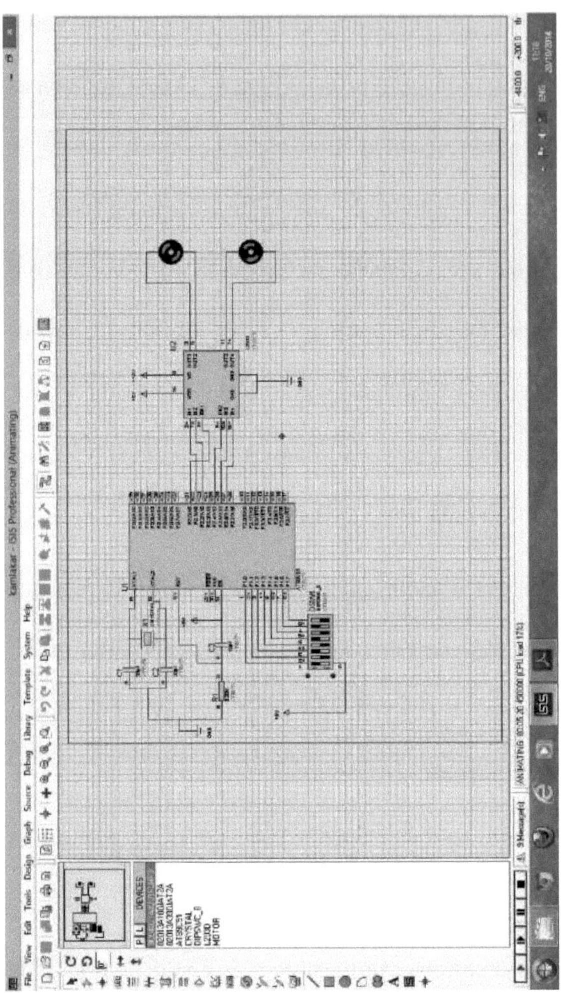

Figura 3.2: Teste no software proteus

Depois de executar com êxito o projeto no proteus, implementamo-lo na placa de ensaio e na placa de ensaio executamos com êxito o motor e o projeto.

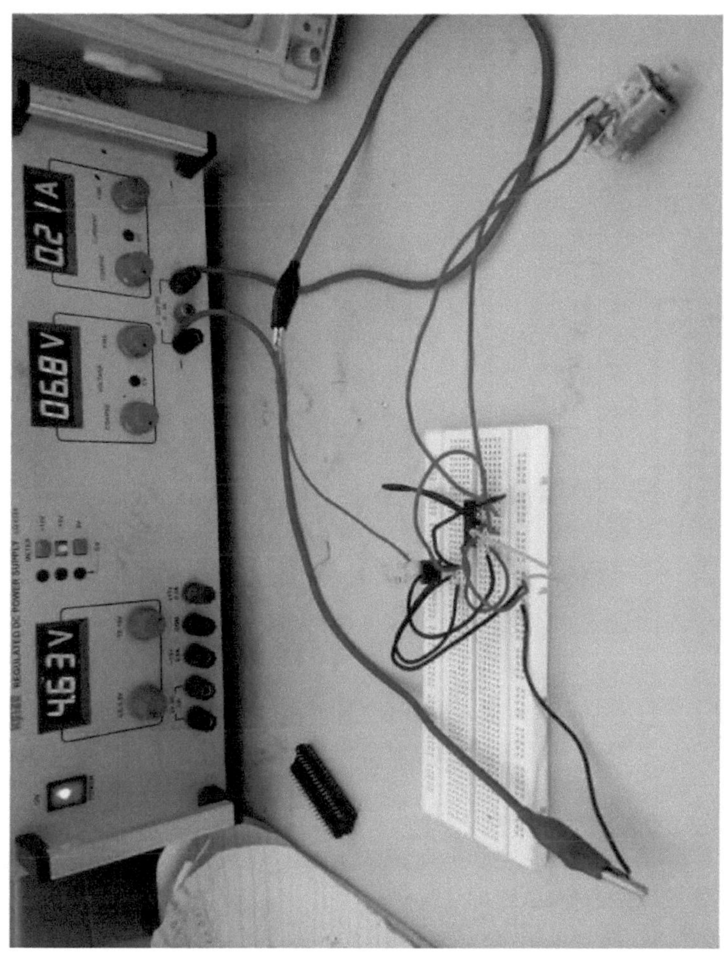

Figura 3.3: Teste na placa de ensaio

Capítulo 4

Descrição e conceção do circuito

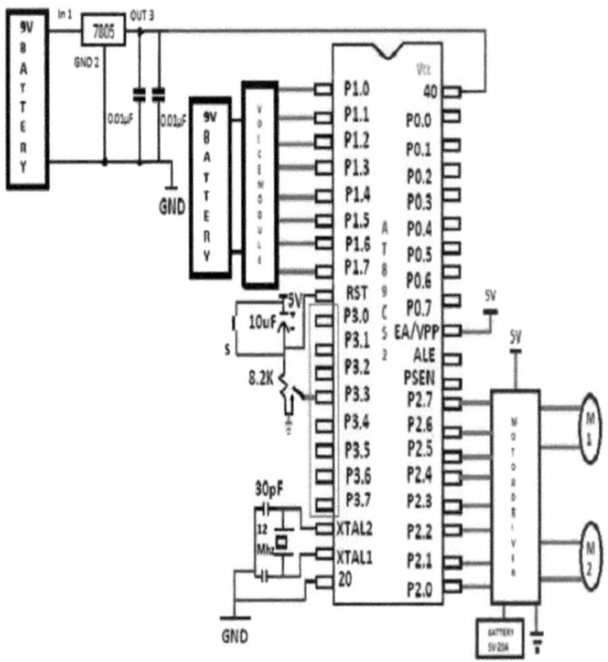

Figura 4.1: Diagrama de ckt da cadeira de rodas de reconhecimento de voz

4.1 Ligação do circuito

O diagrama acima mostra o interface do kit de reconhecimento de voz HM 2007 para o motor de passo utilizando o AT89c51 com o controlador IC L293D. Neste projeto, para o interfaceamento do AT89c51 com o kit de voz HM2007 e o controlador IC L293D, só é necessária uma ligação de 14 pinos de 40 pinos e os outros pinos não estão ligados. Para o interfaceamento do módulo de voz HM 2007 com o microcontrolador

89c51, utilizamos a porta 1.

Conectamos diretamente o módulo de voz ao microcontrolador AT89c51. a porta 1 contém 8 bits, ou seja, do pino 1.0 ao pino 1.7, o pino 1.0 está localizado no pino nº 1 do AT89c51 e outros estão aumentando a ordem, então o último bit da porta 1, ou seja, o pino 1.7 está localizado no pino número 8. porta 2 usada para interface do driver IC L293D. para interface do pino no. 21,22,23,25,26,27 são usados para fins de interface.

O IC L293D é um IC de 16 pinos que utiliza uma alimentação de 5V para o seu trabalho e o pino 7 é utilizado para a alimentação de 12V, que é utilizada para a alimentação do motor e um IC só pode servir de interface para dois motores. Para a interface com o AT89c51, a ligação do IC L293D diz respeito ao funcionamento do motor, os pinos 21, 22 e 23 são utilizados para o funcionamento do primeiro motor e os pinos 25, 26 e 27 são utilizados para o segundo motor. para o segundo motor. Aqui, enable 1 e enable 2 são utilizados para inicializar o motor 1 e o motor 2 para a frente IN1 e IN3 são inicializados para a inversão IN2 e IN4 são inicializados para a direita apenas IN3 é inicializado e para a esquerda apenas IN1 é inicializado pino n.º 22, 23 utilizado para a interface do primeiro motor e pino n.º 26, 27 utilizado para a interface do segundo motor. pino n.º 18, 19, 20 são utilizados para a terra.

4.2 Funcionamento do circuito

Neste circuito, quando falamos instruções ou comando de voz para o módulo de voz HM2007, de acordo com o módulo de comando de voz, damos saída. Por exemplo, damos o comando de voz para a direita ou para a esquerda, de acordo com o módulo de voz de saída, damos saída e ligamos esse pino ao microcontrolador At89c51.

carregamos o nosso microcontrolador AT89c51 com o programa. definimos o programa em que o microcontrolador dá saída de acordo com a entrada quando o módulo de voz dá saída de acordo com o programa IC dá saída para o driver IC & de acordo com a ligação IC motor de acionamento & finalmente por comando de voz nós accionamos o motor.

4.3 Colocação de componentes

- De preferência, colocar o componente em X-Y diretamente para a construção mecânica.

- Todos os componentes devem ser montados de forma plana, ou seja, colocados de forma plana para evitar a formação de cabos e para facilitar a sua utilização. No entanto, em caso de limitação de espaço, os componentes como resistências, díodos, etc. podem ser montados verticalmente, o que não afecta o desempenho.

- No caso de uma ligação à terra analógica e digital separada, deve ser ligado um condensador entre a ligação à terra analógica e digital.

- A orientação dos componentes com vários fios (por exemplo, circuitos integrados com interruptores) deve ser tal que o eixo do componente seja perpendicular à direção da onda de soldadura.

- É previsto um espaço suficiente à volta do componente para facilitar a inversão ou a substituição e reparação.

- A conceção deve permitir um número mínimo de saltos.

- É preferível que componentes como pré-conjuntos, bobinas e potes de ajuste, etc., cujo alinhamento ou calibração sejam colocados de tal forma que sejam acessíveis após a montagem da placa de circuito impresso também no cabina.

4.4 Faixas de PCB

1) A espessura geral das calhas deve ser de 1,00 mm, de preferência.

2) Para os carris de terra, a espessura deve ser máxima.

3) Em caso de limitação de espaço, pode ser utilizada uma espessura de via de 0,5 mm, exceto para as vias de alimentação.

4) Geralmente, o comprimento da via é o mais curto possível; sujeito à colocação de componentes.

5) Utilizar, sempre que possível, remendos de cobre para aumentar a resistência da placa de circuito impresso.

6) A distância mínima é de 0,8 mm, podendo ser de 0,5 mm, exceto nas vias de alimentação.

7) As vias de alta frequência, de alta corrente ou de alta tensão devem estar afastadas umas das outras.

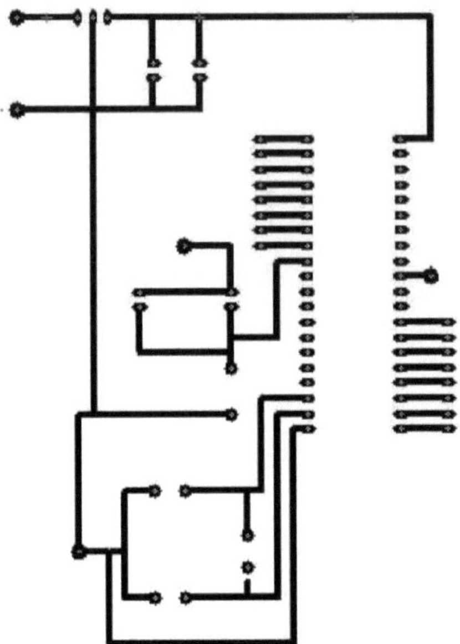

Figura 4.2: Esquema da placa de circuito impresso do circuito do microcontrolador

Capítulo 5

Módulo de reconhecimento de voz

Figura 5.1: Kit HM 2007

O módulo de reconhecimento de voz com IC HM 2007 é um componente básico e importante no circuito. A fig4.1 mostra a estrutura interna do módulo de voz, que consiste num teclado, descodificador IC (IC 7448), ecrã de 7 segmentos, reconhecimento de voz IC (IC HM 2007), etc.

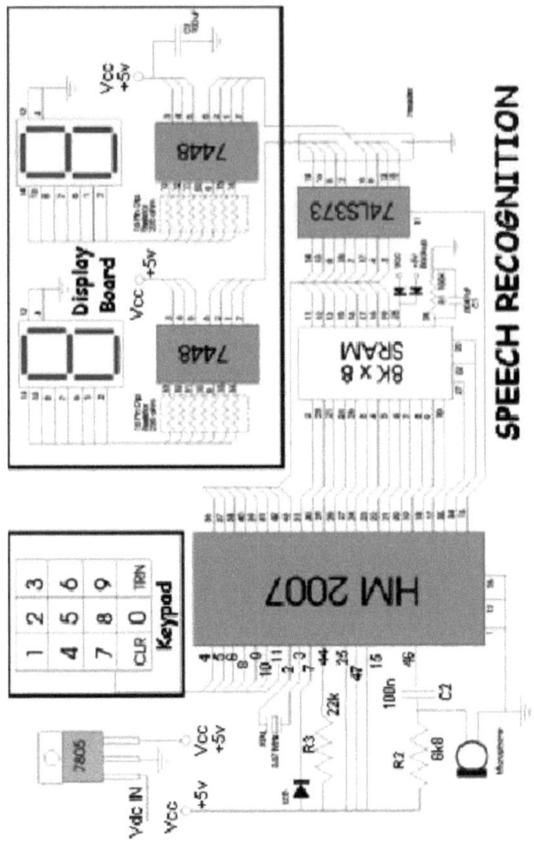

Figura 5.2: Estrutura interna do módulo de voz

5.1 O módulo de reconhecimento de voz consiste basicamente nas seguintes partes

I) Chip de reconhecimento de voz

É o coração de todo o sistema. O HM 2007 é um chip de reconhecimento de voz com um front end analógico no chip, análise de voz, processo de reconhecimento e funções de controlo do sistema. O comando de voz de entrada é analisado, processado, reconhecido e depois obtido numa das suas portas de saída, que é descodificada, amplificada e fornecida aos motores do robô. O chip oferece a possibilidade de reconhecer quarenta palavras de 0,96 segundos ou vinte palavras de 1,92 segundos. Este circuito permite ao utilizador escolher entre o comprimento de palavra de 0,96 segundos (vocabulário de 40 palavras) ou o comprimento de palavra de 1,92 segundos (vocabulário de 20 palavras). Para a memória, o circuito utiliza uma RAM estática de 8K X 8. O chip tem dois modos de funcionamento: o modo manual e o modo CPU. O modo CPU foi concebido para permitir que o chip funcione num computador anfitrião. Esta é uma abordagem atractiva para o reconhecimento de fala em computadores porque o chip de reconhecimento de fala funciona como um co-processador da CPU principal. As tarefas de escuta e reconhecimento não ocupam nenhum tempo da CPU do computador. Quando o HM 2007 reconhece um comando, ele pode sinalizar uma interrupção para a CPU hospedeira e então retransmitir o código de comando. O chip HM 2007 pode ser colocado em cascata para fornecer uma biblioteca de reconhecimento de palavras maior.

O circuito que estamos a construir funciona no modo manual. O modo manual permite construir uma placa de reconhecimento de voz autónoma que não necessita de um computador anfitrião e pode ser integrada noutros dispositivos para utilizar o controlo de voz. Os principais componentes deste projeto são: um chip de reconhecimento de voz, memória, teclado e um ecrã LED de 7 segmentos. O chip foi concebido para aplicações dependentes do locutor (um utilizador), mas pode ser manipulado para executar aplicações independentes do locutor (vários utilizadores). O teclado e o ecrã LED de 7 segmentos serão utilizados para programar e testar o circuito de reconhecimento de voz.

O HM 2007 é um circuito de integração em larga escala (LSI) de reconhecimento de voz de chip único com semicondutor de óxido metálico complementar (CMOS). O chip contém um front end analógico de voz 4, reconhecimento e funções de controlo do sistema. O chip pode ser utilizado num CPU autónomo ou ligado.

II) Microfone:-

Recebe os comandos de voz analógicos e envia-os para o chip de reconhecimento de voz (HM 2007) sob a forma de sinal elétrico. O ouvido humano tem uma gama auditiva de 10 a 15.000 Hz. O som pode ser captado facilmente utilizando um microfone e um amplificador. Os microfones são transdutores que detectam sinais sonoros e produzem uma tensão ou uma corrente que é proporcional ao sinal sonoro. Os microfones mais comuns para utilização musical são os microfones dinâmicos, de fita ou de condensador. Para além da variedade de mecanismos básicos, os microfones podem ser concebidos com diferentes padrões direcionais e diferentes impedâncias.

III) Teclado:-

É utilizado para treinar/programar o chip. Também atribui posições de memória definidas aos comandos de voz. O teclado é composto por 12 interruptores. Quando o circuito é ligado, o HM2007 verifica a RAM estática. Se tudo estiver correto, a placa apresenta "00" no visor digital e acende o LED vermelho (READY). Está em "Ready" à espera de um comando.

IV) Ecrã de 7 segmentos:-

É utilizado para testar o circuito de reconhecimento de voz. O ecrã de 7 segmentos é utilizado como indicador numérico em muitos tipos de equipamento de ensaio. É um conjunto de díodos emissores de luz que podem ser alimentados individualmente. A ativação de todos os segmentos indica o número 8. Ligando a, b, c, d e g, aparece o número 3. Podem ser visualizados os números 0 a 9. O d.p representa um ponto decimal.

V) Aplicações e condutores:- O que é que se passa?

Um número a ser apresentado num ecrã de sete segmentos é normalmente codificado em formato BCD e um circuito lógico liga ou desliga os segmentos adequados do ecrã. Esta lógica é também designada por descodificador. Há vários descodificadores disponíveis para acionar ecrãs de ânodo comum e de cátodo comum. Um dos descodificadores facilmente disponíveis são os descodificadores TTL 7447 e 7448. São TTL de coletor aberto concebidos para puxar para baixo o ânodo comum (tipo 7447) e o cátodo comum (tipo 7448) através de resistências limitadoras de corrente externas. Utilizámos o chip descodificador 7448 que conduz um ecrã de sete segmentos de cátodo comum. 8k x 8 RAM: Armazena os comandos de voz descodificados pelo chip nos locais atribuídos.

5.2 Formação e reconhecimento

Para registar ou treinar um comando, o chip armazena o padrão e a amplitude do sinal analógico e guarda-os na SRAM 8kx8. No modo de reconhecimento, o chip compara o sinal analógico introduzido pelo utilizador a partir do microfone com os sinais armazenados na SRAM e, se reconhecer um comando, será enviada uma saída do identificador do comando para o microprocessador através das portas D0 a D7 do chip. Para treinar, testar (se reconhecido corretamente) e limpar a memória, é utilizado o teclado e o visor de 7 segmentos.

a) Para formar:-

Para treinar o circuito, comece por premir o número da palavra que pretende treinar no teclado. Utilize qualquer número entre 1 e 40. Por exemplo, prima o número "1" para treinar a palavra número 1. Ao premir o(s) número(s) no teclado, o led vermelho apaga-se. O número é apresentado no visor digital. De seguida, prima a tecla # para treinar. Quando a tecla # é premida, o chip fica à espera de uma palavra de treino e o led vermelho volta a acender-se. Agora diga claramente no microfone a palavra que pretende que o circuito reconheça. O LED deve piscar momentaneamente, o que é um sinal de que a palavra foi aceite. Continue a treinar novas palavras no circuito utilizando o procedimento acima descrito. Premir a tecla "2" e depois a tecla # para treinar a segunda palavra e assim por diante. O circuito aceitará até quarenta palavras. Não é necessário introduzir 40 palavras na memória para utilizar o circuito. Se quiser, pode usar tantos espaços de palavras quantos quiser.

b) Reconhecimento:-

O circuito está continuamente a ouvir. Repetir uma palavra treinada para o microfone. O número da palavra deve ser apresentado no ecrã digital. Por exemplo, se a palavra "diretório" foi treinada como a palavra número 25. Dizer a palavra "diretório" ao microfone fará com que o número 25 seja apresentado.

c) Códigos de erro:-

A pastilha fornece os seguintes códigos de erro: 55 = palavra demasiado longa 66 = palavra demasiado curta 77= palavra sem correspondência.

5.3 Comando de voz

O comando da esquerda faz com que a roda direita se desloque para a frente e a roda esquerda para trás. O comando da direita faz com que a roda esquerda se desloque para a frente e a roda direita rode para trás. Neste sistema, ao atribuir a palavra de comando stop, a rotação de ambos os motores pára. O sistema da cadeira de rodas volta ao estado de espera ou termina todo o sistema, desligando a fonte de alimentação da placa de reconhecimento de voz. Os comandos de voz utilizados no sítio são os indicados no quadro 2 abaixo.

COMANDO DE VOZ	CONDIÇÕES
AVANÇAR	Passar diretamente para a frente
REVERSO	Movimentos em linha reta para trás
À ESQUERDA	Virar para a esquerda
CERTO	Virar para a direita
PARAR	Sem movimento / Paragem da cadeira de rodas
ON	Fornecer o material à cadeira de rodas
DESLIGADO	Desligar a alimentação

Quadro 5.1: Ação da roda motora

Alterar e apagar palavras:-

As palavras treinadas podem ser facilmente alteradas, substituindo a palavra original. Por exemplo, suponha que a palavra seis era a palavra "Capital" e quer mudá-la para a palavra "Estado". Basta treinar novamente o espaço da palavra premindo "6" e depois a tecla TRAIN e dizendo a palavra "Estado" para o microfone. Se quiser apagar a palavra sem a substituir por outra, prima o número da palavra (neste caso, seis) e depois prima a tecla CLR.

Montagem do robô:-

O controlador de motor L293D permite, com um único circuito integrado, ligar dois motores CC que podem ser controlados no sentido dos ponteiros do relógio e no sentido contrário ao dos ponteiros do relógio e, se o motor tiver um sentido de movimento fixo, pode utilizar as quatro E/S para ligar até quatro motores CC. O L293D tem uma corrente de saída de 600 mA e uma corrente de saída de pico de 1,2 A por canal. Além disso, para proteção do circuito contra os díodos de saída back EMF, estão incluídos no CI. A alimentação de saída (VCC2) tem uma vasta gama de 4,5 V a 36 V, o que faz do L293D a melhor escolha para o acionamento de motores CC. Um esquema simples para ligar um motor DC usando o L293D é mostrado abaixo.

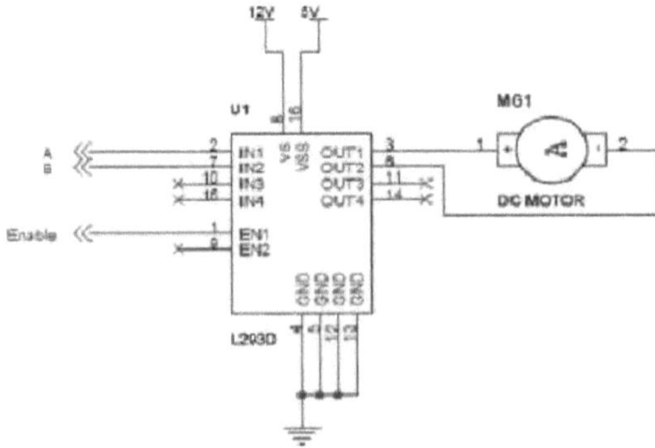

Figura 5.3: Montagem com o CI de controlo do motor

Como se pode ver no circuito, são necessários três pinos para ligar um motor DC (A, B, Enable). Se pretender que o motor seja completamente ativado, pode ligar Enable a VCC e apenas são necessários 2 pinos do controlador para que o motor funcione.

5.4 Caraterísticas

- LSI CMOS de reconhecimento de voz de chip único.
- Dependente do orador.
- Suporte de RAM externa.
- Reconhecimento máximo de 40 palavras.
- Comprimento máximo de palavra de 1,92 seg.
- Suporte de microfone e fonte de alimentação de 5 volts (5V).
- Modos manual e CPU disponíveis.
- Tempo de resposta inferior a 300 milissegundos (ms).

Capítulo 6

Microcontrolador

O microcontrolador 8051 é um circuito integrado de 40 pinos. Segue-se a figura dos pinos do circuito integrado do microcontrolador 8051. A explicação de cada PIN é dada a seguir:

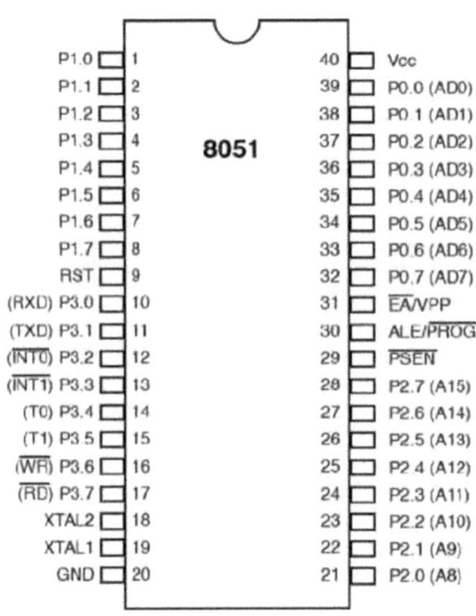

Figura 6.1: Diagrama de pinos do IC do microcontrolador

6.1 Pino Descrição

a)Porta 1:-

Pinos 1 a 8: Os pinos 1.0 a 1.7 são 8 pinos da porta 1. Cada um deles pode ser configurado como pino de entrada ou saída. Trata-se de uma porta E/S bidirecional de 8 bits com pull-ups internos. O buffer de saída da porta 1 pode ser fonte/sink de quatro entradas TTL. Quando são escritos 1s nos pinos da porta 1, estes são puxados para cima pelos pull-ups internos e podem ser utilizados como entrada. Como entradas, os pinos da porta 1 que estão a ser puxados externamente para baixo serão fonte de corrente devido aos pull-ups internos. A porta 1 também recebe o byte de endereço de ordem baixa durante a programação e verificação Flash.

b)Pino 9:-

É utilizado para reiniciar o microcontrolador 8051. Um pulso positivo é dado neste pino para reiniciar o microcontrolador.

c)Porto 3:-

Pinos 10 a 17: Estes pinos são semelhantes aos pinos da porta 1. Estes pinos podem ser utilizados como entrada ou saída universal. São pinos de função dupla. Quando 1s são escritos nos pinos da porta 3, eles são puxados para cima por pull-ups internos e podem ser usados como entrada. Como entradas, os pinos da porta 3 que estão sendo puxados para baixo externamente irão gerar corrente por causa dos pull-ups: Leia também: Diagrama e construção do 8051.

Pino 10(RXD): É a entrada de comunicação assíncrona de série ou a saída de comunicação assíncrona de série.

Pino 11(TXD): Saída de comunicação assíncrona de série ou saída de comunicação síncrona de série.

Pino 12(INT0): Entrada de interrupção 0.

Pino 13(INT1): Entrada de interrupção 1.

Pino 14(T0): Entrada do relógio do temporizador 0.

Pino 15(T1): Entrada do relógio do temporizador 1.

Pino 16(WR): Sinal de escrita LOW para escrever conteúdo na RAM externa.

Pino 17(RD): Sinal de leitura para ler o conteúdo da RAM externa.

d)Pino 18, 19(XTAL) e Pino 20:-

Estes são PINS de saída de entrada para o oscilador. Um oscilador interno é ligado ao microcontrolador através destes PINS e o pino 20 é ligado à terra.

e)Porto 2:-

Pinos 21 a 28: Estes pinos podem ser configurados como pinos de saída de entrada. Mas isso só é possível no caso de não usarmos nenhuma memória externa. Se utilizarmos memória externa, estes pinos funcionarão como bus de endereço de ordem elevada (A8 a A15).

- A porta 2 é uma porta E/S bidirecional de 8 bits com pull-ups internos. Os buffers de saída da Porta 2 podem ser fonte/sumidouro de quatro entradas TTL.

- Quando 1s são escritos nos pinos da Porta 2, eles são puxados para cima pelos pull-ups internos e podem ser usados como entradas. Como entradas, os pinos da Porta 2 que estão a ser puxados para baixo externamente irão gerar corrente devido aos pull-ups internos.

- A porta 2 emite o byte de endereço de ordem superior durante as aquisições da memória de programa externa e durante os acessos à memória de dados externa que utilizam endereços de 16 bits (MOVX @ DPTR). Nesta aplicação, utiliza fortes pull-ups internos quando emite 1s. Durante o acesso à memória de dados externa que utiliza endereços de 8 bits (MOVX @ RI), a porta 2 emite o conteúdo do registo de função especial P2.

f)Pino 29(PSEN):-

O seu sinal baixo Se utilizarmos uma ROM externa, deve ter uma lógica 0 que indica que o microcontrolador está a ler dados da memória. Este pino é utilizado para ALE que é o endereço Latch Enable. Se usarmos vários chips de memória, este pino é usado para distinguir entre eles. Este pino também dá entrada de pulso de programa durante a programação da EPROM.

g)Pino 30(ALE/PROG):-

Impulso de saída de ativação do bloqueio de endereço para bloquear o byte baixo do endereço durante os acessos à memória externa. Este pino é também a entrada do impulso de programa (PROG) durante a programação Flash.

Em funcionamento normal, o ALE é emitido a uma taxa constante de 1/6 da frequência do oscilador e pode ser utilizado para efeitos de temporização externa ou de relógio. Note-se, no entanto, que um impulso ALE é ignorado durante cada acesso à memória de dados externa. Se desejar, o funcionamento do ALE pode ser desativado definindo o bit 0 da localização 8EH do SFR com o bit set. O ALE só está ativo durante uma instrução MOVX ou MOVc. Caso contrário, o pino é fracamente puxado para cima. A definição do bit de desativação ALE não tem efeito se o microcontrolador estiver no modo de execução externo.

h)Pino 31(EA/VPP):-

Habilitação de acesso externo. EA tem de ser ligado a GND para permitir que o dispositivo vá buscar o código à localização externa da memória de programa que começa em 0000H a FFFFH. Note-se, no entanto, que se o bit1 do relógio estiver programado, EA será bloqueado internamente no reset. Se tivermos de utilizar várias memórias, aplicando a lógica 1 a este pino, o microcontrolador lê os dados de ambas as memórias, primeiro a interna e depois a externa.

i)Porto 0:-

<u>Pinos 32 a 39:</u> Semelhantes às portas 2 e 3, estes pinos podem ser utilizados como pinos de saída de entrada quando não utilizamos qualquer memória externa. Quando ALE ou o pino 30 está em 1, esta porta é utilizada como barramento de dados; quando o pino ALE está em 0, esta porta é utilizada como barramento de endereços de ordem inferior (A0 a A7).

6.2 Caraterísticas

- É um microcontrolador de 8 bits (microcontrolador de chip único).
- Requer uma única fonte de alimentação de +5V.
- Fornece memória de programa de 4K bytes no chip.
- Fornece 128 bytes de memória de dados no chip.
- Fornece 32 linhas de E/S bidireccionais (quatro portas de 8 bits).
- Fornece múltiplos modos no chip, porta serial full duplex programável de alta velocidade.

- Fornece no chip dois temporizadores/contadores multimodo de 16 bits.
- Fornece 111 instruções.

Capítulo 7

Motorista

7.1 Descrição do funcionamento do IC L293D

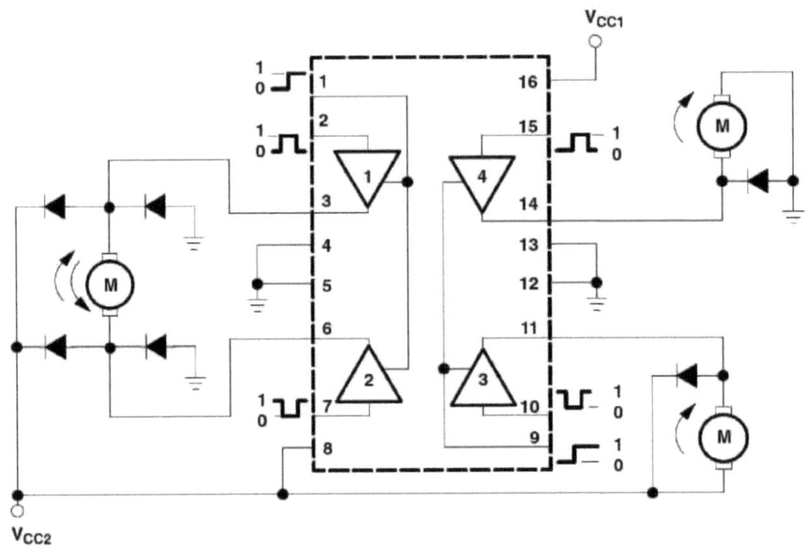

Figura 7.1: Diagrama de blocos do IC L293D

O L293 e o L293D são condutores quádruplos de meia-H de alta corrente. O L293 foi concebido para fornecer correntes de acionamento bidireccionais até 1 A a tensões de 4,5 V a 36 V. O L293D foi concebido para fornecer correntes de acionamento bidireccionais até 600 mA a tensões de 4,5 V a 36 V. Ambos os dispositivos foram concebidos para acionar cargas indutivas, tais como relés, solenóides, motores de passo CC e bipolares, bem como outras cargas de alta corrente/alta tensão em aplicações de alimentação positiva.

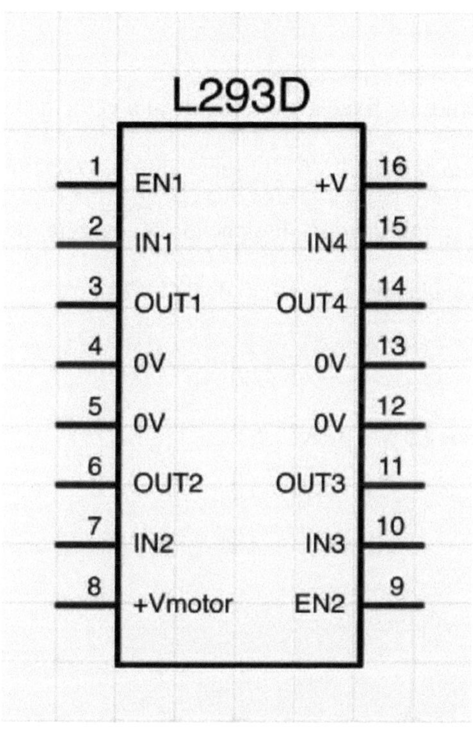

Figura 7.2: Diagrama de pinos do IC L293D

Todas as entradas são compatíveis com TTL. Cada saída é um circuito completo de acionamento de pólo totem, com um dissipador de transístor Darlington e uma fonte pseudo-Darlington. Os controladores são activados em pares, com os controladores 1 e 2 activados por 1, 2EN e os controladores 3 e 4 activados por 3, 4EN. Quando uma entrada de ativação é alta, os controladores associados são activados e as suas saídas estão activas e em fase com as suas entradas. Quando a entrada de ativação é baixa, esses controladores são desactivados e as suas saídas estão desligadas e no estado de alta impedância. Com as entradas de dados adequadas, cada par de controladores forma um acionamento reversível full-H (ou ponte) adequado para aplicações de solenoide ou motor.

No L293, devem ser utilizados díodos externos de fixação de saída de alta velocidade para supressão de transientes indutivos. Um terminal VCC1, separado de VCC2, é fornecido para as entradas lógicas para minimizar a dissipação de energia do dispositivo. O L293e o L293D são caracterizados para operação de 0 C a 70 C.

7.2 Caraterísticas do CI L293D

- Ampla gama de tensões de alimentação: 4,5 V a 36 V.
- Alimentação lógica de entrada separada.
- Proteção ESD interna.
- Encerramento térmico.
- Entradas de alta imunidade de ruído.
- Substituições funcionais para SGS L293 e SGS L293D.
- Corrente de saída 1 A por canal (600 mA para L293D).
- Corrente de saída de pico 2 A por canal (1,2 A para L293D).
- Díodos de fixação de saída para supressão de transientes indutivos (L293D).

Capítulo 8

Motor DC

Quase todos os movimentos mecânicos que vemos à nossa volta são realizados por um motor elétrico. As máquinas eléctricas são um meio de conversão de energia. Os motores recebem energia eléctrica e produzem energia mecânica. Os motores eléctricos são utilizados para alimentar centenas de dispositivos que usamos no dia a dia. Os motores existem em vários tamanhos. Os motores de grandes dimensões, que podem suportar cargas de milhares de cavalos de potência, são normalmente utilizados na indústria. Alguns exemplos de aplicações de motores grandes incluem elevadores, comboios eléctricos, guinchos e laminadores de metais pesados. Exemplos de aplicações de motores pequenos incluem motores utilizados em automóveis, robots, ferramentas eléctricas manuais e misturadores de alimentos. As micro-máquinas são máquinas eléctricas com peças do tamanho de glóbulos vermelhos e têm muitas aplicações na medicina.

Os motores eléctricos são amplamente classificados em duas categorias diferentes: DC (corrente contínua) e AC (corrente alternada). Dentro destas categorias existem numerosos tipos, cada um oferecendo capacidades únicas que os adequam a aplicações específicas. Na maioria dos casos, independentemente do tipo, os motores eléctricos são constituídos por um estator (campo estacionário) e um rotor (o campo rotativo ou armadura) e funcionam através da interação do fluxo magnético e da corrente eléctrica para produzir velocidade de rotação e binário. Os motores de corrente contínua distinguem-se pela sua capacidade de funcionar com corrente contínua.

Existem diferentes tipos de motores de corrente contínua, mas todos eles funcionam segundo os mesmos princípios. Neste capítulo, estudaremos o seu princípio básico de funcionamento e as suas caraterísticas. É importante compreender as caraterísticas do motor para podermos escolher o motor correto para os requisitos da nossa aplicação. Os objectivos de aprendizagem para este capítulo estão listados abaixo.

8.1 Conversão eletromecânica de energia

Um dispositivo de conversão eletromecânica de energia é essencialmente um meio de transferência entre um lado de entrada e um lado de saída. Três máquinas eléctricas (CC, indução e síncrona) são amplamente utilizadas para a conversão eletromecânica de energia. A conversão eletromecânica de energia ocorre quando há uma mudança no fluxo magnético que liga uma bobina, associada a um movimento mecânico.

Motor elétrico

A entrada é energia eléctrica (da fonte de alimentação) e a saída é energia mecânica (para a carga).

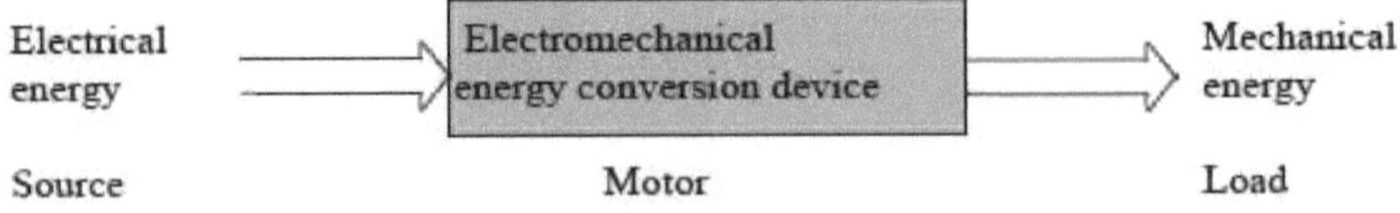

Figura 8.1: Motor elétrico

Gerador elétrico

A entrada é a energia mecânica (do motor principal) e a saída é a energia eléctrica.

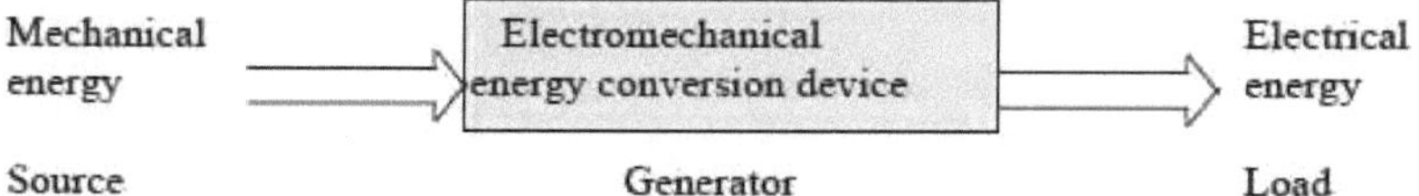

Figura 8.2: Gerador elétrico

8.2 Construção

Os motores CC são constituídos por um conjunto de bobinas, denominado enrolamento da armadura, dentro de outro conjunto de bobinas ou de um conjunto de ímanes permanentes, denominado estator. A aplicação de uma tensão às bobinas produz um binário na armadura, resultando em movimento.

8.2.1 Estator

- O estator é a parte exterior estacionária de um motor.
- O estator de um motor de corrente contínua de ímanes permanentes é composto por duas ou mais peças de pólos de ímanes permanentes.
- Em alternativa, o campo magnético pode ser criado por um eletroíman. Neste caso, uma bobina de corrente contínua (enrolamento de campo) é enrolada à volta de um material magnético que faz parte do estator.

8.2.2 Rotor

- O rotor é a parte interna que gira.
- O rotor é composto por enrolamentos (chamados enrolamentos de armadura) que estão ligados ao circuito externo através de um comutador mecânico.
- Tanto o estator como o rotor são feitos de materiais ferromagnéticos. Os dois estão

separados por um espaço de ar.

8.2.3 Enrolamento

Um enrolamento é constituído por uma ligação em série ou em paralelo de bobinas.

- Enrolamento da armadura - O enrolamento através do qual a tensão é aplicada ou induzida.

- Enrolamento de campo - O enrolamento através do qual é passada uma corrente para produzir fluxo (para o eletroíman).

Os enrolamentos são geralmente feitos de cobre.

Aqui, no nosso projeto, utilizamos o motor de engrenagem CC de eixo lateral super pesado de 200 RPM, adequado para pequenos sistemas de automação de robôs maiores. Tem uma construção robusta com engrenagens grandes. A caixa de engrenagens é construída para lidar com o binário de paragem produzido pelo motor. O veio de transmissão é suportado de ambos os lados com casquilhos metálicos. O motor funciona sem problemas de 4V a 12V e dá 200 RPM a 12V. O motor tem um eixo de acionamento de 8 mm de diâmetro e 19 mm de comprimento com forma de D para um excelente acoplamento.

Capítulo 9

Programa para controlo por voz

Cadeira de rodas

```
org 000h
clr a;
mov p1,#000h;
mov p2,#00h;
mov dptr,#4000h;
back: mov a, p1;
movc a, @a+dptr;
mov p2,a;
jmp back;
ret
org 4001h
DB 033h,055h,003h,030h,000h;
end
```

Capítulo 10

Resultado do projeto

10.1 Para a especificação do motor

	Corrente do motor (mA)			Tensão do motor (V)
Estado	Motor 1	Motor 2	Motor 1	Motor 2
Avançar	38 mA	39 mA	12V	12V
Inverter	38 mA	38 mA	12V	12V
Esquerda	38 mA	-	12V	-
Certo	-	39 mA	-	12V
Parar	-	-	-	-

Tabela 10.1: Lista de componentes

10.2 Teste de comandos de voz (ruído ambiente)

Número de SR.	Estado	Harshal	Ajay	Pramod	Chetan
1	Avançar	X	X	√	X
2	Inverter	X	√	√	√
3	Inverter	√	X	√	√
4	Certo	X	√	X	X
5	Avançar	√	X	X	X
6	Esquerda	X	X	X	X
7	Certo	X	X	√	√
8	Esquerda	X	√	X	√
9	Esquerda	X	√	X	X
10	Inverter	√	X	X	√

Tabela 10.2: Teste de comandos de voz (ruído ambiente)

10.3 Teste de comandos de voz (sem ruído ambiente)

Número de SR.	Estado	Harshal	Ajay	Pramod	Chetan
1	Avançar	√	√	√	X
2	Esquerda	√	√	X	√
3	Certo	√	√	√	√
4	Inverter	X	√	√	√
5	Inverter	√	√	X	√
6	Certo	√	X	√	√
7	Esquerda	X	√	√	X
8	Avançar	X	√	√	X
9	Esquerda	√	X	√	√
10	Inverter	√	X	√	√
11	Certo	X	√	X	X
12	Esquerda	√	√	√	√

Tabela 10.3: Teste de comandos de voz (sem ruído ambiente)

Capítulo 11

Lista de componentes

Número de SR.	Nome do componente	Classificação	Quantidade
1	Kit de reconhecimento de voz	HM 2007	1
2	Microcontrolador	AT89c51	1
3	Regulador de tensão de três terminais IC	IC7805	1
4	IC de acionamento	IC L293D	1
5	Motor de passo	12v, 60rpm	2
6	Cristal	11,0592mhz	1
7	Condensador de mica	33pf, 0,01µf	2
8	Condensador eletrolítico	10µf, 63V	1
9	Registar	8.2kΩ	1

Tabela 11.1: Lista de componentes

Capítulo 12

Conclusão e investigação futura

12.1 Conclusão

Após a conceção e implementação de uma cadeira de rodas controlada por voz para pessoas com deficiência, utilizando o processador de reconhecimento de voz HM2007 para adquirir e distinguir o comando para controlar o movimento de uma cadeira de rodas. A direção da cadeira de rodas pode agora ser selecionada utilizando os comandos de voz ou o interrutor especificados. O projeto não só reduz o custo de fabrico em comparação com o mercado atual, como também é muito competitivo em relação a outros tipos de cadeiras de rodas eléctricas.

Este projeto tem muitas vantagens, como a segurança, o conforto, a poupança de energia, a automatização total, etc. Assim, apenas é necessária uma voz treinada para conduzir a cadeira de rodas.

12.2 Investigação futura

O projeto futuro pode ser melhorado através da implementação de comunicação sem fios na cadeira de rodas. Também podemos ligar o módulo GSM à cadeira para dar uma instrução única e a cadeira mover-se automaticamente. Ao melhorar este sistema, melhoramos diretamente o estilo de vida das pessoas com deficiência na comunidade.

As cadeiras de rodas que reconhecem a voz continuarão a ser um terreno fértil para a investigação tecnológica durante muitos anos. As cadeiras de rodas com reconhecimento de voz são excelentes bancos de ensaio para a investigação de sensores, em particular a visão artificial. As cadeiras de rodas com reconhecimento de voz são também uma oportunidade para estudar a interação homem-robô, o controlo adaptativo ou partilhado e novos métodos de entrada, como o controlo por voz, o EOG e o rastreio ocular. Além disso, as cadeiras de rodas com reconhecimento de voz continuarão a servir de bancos de ensaio para arquitecturas de controlo de robôs.

Embora tenha havido uma quantidade significativa de esforços dedicados ao desenvolvimento de cadeiras de rodas com reconhecimento de voz, pouca atenção tem sido dada à avaliação do seu desempenho. Muito poucos investigadores de cadeiras de rodas com reconhecimento de voz envolveram pessoas com deficiência nas suas actividades de avaliação. Além disso, nenhuma cadeira de rodas com reconhecimento de voz foi submetida a uma avaliação rigorosa e controlada que envolvesse uma utilização prolongada em ambientes reais. A realização de testes com utilizadores de cadeiras de rodas com reconhecimento de voz é difícil por várias razões. Alguns utilizadores de cadeiras de rodas não demonstram qualquer melhoria imediata nas capacidades de navegação (medidas em termos de velocidade média e número de colisões) quando utilizam uma cadeira de rodas com reconhecimento de voz num percurso fechado em ambiente laboratorial. Isto pode dever-se ao facto de a cadeira de rodas com reconhecimento de voz não funcionar muito bem ou de o utilizador da cadeira de rodas já ser tão competente que não é possível obter grandes melhorias. Por outro lado, os utilizadores que têm potencial para mostrar grandes ganhos de desempenho têm, muitas vezes, pouca ou nenhuma experiência com mobilidade independente e podem precisar de uma quantidade significativa de formação antes de estarem prontos para participar em ensaios válidos com utilizadores.

O principal obstáculo à realização de estudos a longo prazo são os custos proibitivos de hardware associados à construção de um número suficiente de cadeiras de rodas com reconhecimento de voz. No entanto, os estudos a longo prazo são necessários porque os efeitos reais da utilização de uma cadeira de rodas com reconhecimento de voz durante um longo período de tempo são desconhecidos. Alguns investigadores (por exemplo, o CALL Center) pretendem que a sua cadeira de rodas com reconhecimento de voz seja utilizada como um meio de desenvolver as competências necessárias para utilizar cadeiras de rodas normais de forma segura e independente. A maioria dos investigadores, no entanto, pretende que a sua cadeira de rodas com reconhecimento de voz seja a solução de mobilidade permanente de uma pessoa ou não abordou esta questão de todo. É possível que a utilização de uma cadeira de rodas com reconhecimento de voz diminua a capacidade de um indivíduo para utilizar uma cadeira de rodas normal, uma vez que esse indivíduo passa a depender da assistência à navegação fornecida pela cadeira de rodas com reconhecimento de voz. Em última análise, para alguns utilizadores (especialmente crianças), a tecnologia das cadeiras de rodas com reconhecimento de voz será uma "roda de treino" eficaz, que pode ser utilizada para ensinar as competências de mobilidade mais básicas (por exemplo, causa e efeito, arranque e paragem quando é dada uma ordem) e, para outros utilizadores, as cadeiras de rodas com reconhecimento de voz serão soluções permanentes.

A distinção entre a utilização de uma cadeira de rodas com reconhecimento de voz como auxiliar de mobilidade, ferramenta de formação ou instrumento de avaliação é também digna de estudo. Cada uma destas funções é única e requer um comportamento muito diferente por parte da cadeira de rodas com reconhecimento de voz. Como auxiliar de mobilidade, o objetivo da cadeira de rodas com reconhecimento de voz é ajudar o utilizador a chegar a um destino o mais rápido e confortavelmente possível. O utilizador não recebe feedback para evitar distracções e evitar colisões. Como ferramenta de formação, por outro lado, o objetivo é desenvolver competências específicas. Neste caso, é provável que o feedback seja significativamente aumentado e a medida em que a cadeira de rodas com reconhecimento de voz responde aos comandos do utilizador será uma função da atividade de treino real. Finalmente, como instrumento de avaliação, o objetivo da cadeira de rodas com reconhecimento de voz é registar a atividade sem intervenção. Neste caso, é provável que o utilizador não tenha qualquer feedback ou assistência à navegação.

Referências

[1] Jornal Internacional de Investigação Avançada em Eletricidade, Eletrónica e Engenharia de Instrumentação.

[2] R. S. Nipanikar, Vinay Gaikwad, Chetan Choudhari, Ram Gosavi, Vishal Harn Revista Internacional de Investigação Avançada em Engenharia Eletrónica e de Comunicações (IJARECE) Volume 2, Número 4, abril de 2013.

[3] J. Z. Yi, Y.K. Tan, Z.R. Ang, "Controlo de cadeiras de rodas motorizadas activadas por voz com base em microcontroladores" ACM 2007.

[4] L. Fehr, W. Edwin Langbein, e S. B. Skaar, "Adequacy of Power Wheelchair Control Interfaces for Persons with Severe Disabilities: A Clinical Survey", J. Rehabil. Res. Develop 37 (3), pp.353-360, 2000.

[5] Shahina, B. Yenanarayana e M. R. Kesheory, "Throat Microphone signal for speaker recognition".

Printed by Books on Demand GmbH, Norderstedt / Germany